中国儿童好问题百科全书

CHINESE CHILDREN'S ENCYCLOPEDIA OF GOOD QUESTIONS

太空奥妙

主编 鞠萍

U0256337

中国大百科全书出版社

图书在版编目（CIP）数据

太空奥妙 /《中国儿童好问题百科全书》编委会编
著. --北京 ：中国大百科全书出版社，2016.7
（中国儿童好问题百科全书）

ISBN 978-7-5000-9902-4

Ⅰ.①太… Ⅱ.①中… Ⅲ.①宇宙—儿童读物 Ⅳ.①P159-49

中国版本图书馆CIP数据核字（2016）第141612号

中国儿童好问题百科全书

CHINESE CHILDREN'S ENCYCLOPEDIA OF GOOD QUESTIONS

太空奥妙

中国大百科全书出版社出版发行

（北京阜成门北大街17号　电话 68363547　邮政编码 100037）

http://www.ecph.com.cn

鸿博昊天科技有限公司印刷

新华书店经销

开本：710毫米×1000毫米　1/16　印张：4.5

2016年7月第1版　2016年7月第1次印刷

印数：00001～10000

ISBN 978-7-5000-9902-4

定价：15.00元

李政道博士的求学格言：

求学问，需学问；
只学答，非学问。

名人名问 人可以到月亮上去玩吗？ /08

01 question 宇宙究竟有多大？ /10

02 question 天有多高？ /11

03 question 除了宇宙外，还有别的地方吗？ /12

04 question 宇宙里的黑洞是什么东西？ /13

05 question 别的行星为什么都叫"星"，只有地球叫"球"？ /14

06 question 在太空能看到长城吗？ /15

07 question 地球为什么没有被黑洞吸进去？ /16

08 question 月亮为什么会冲破乌云慢慢移动？ /17

09 question 为什么太阳早上大却不热，中午小了却很热？ /18

10 question 我们是白天的时候，美国为什么是黑夜？ /19

11 question 太阳会爆炸吗？ /20

12 question 太空没有引力，为什么星球会沿着轨道转？ /21

13 question 行星会撞击地球吗？ /22

14 question 国际天文学会为什么把冥王星降为矮行星？ /23

15 question 流星飞过，天上的星星会不会变少了？ /24

16 question 星星为什么会长角？ /25

17 question 夜晚为什么还会有白云？ /26

18 question 晴天云是白的，雨天云为什么变成黑灰色了？ /27

19 question 地球上能生长万物，为什么别的星球却不行呢？ /28

20 question 云会动，还会变形，为什么？ /29

21 question 早晨和傍晚的阳光，为什么不如中午强？ /30

22 question 天上的星星为什么有的亮，有的暗？ /31

23 question 球形闪电是怎么回事？它能穿过物体不留下痕迹吗？ /32

24 question 月亮在农历十五为什么是圆的？ /33

25 question 太阳东升西落，为什么不西升东落？ /34

26 question 火星上有火吗？ /35

27 question 天上的月亮白天到哪儿去了？ /36

28 question 是天把海照蓝了，还是海把天映蓝了？ /37

29 question 地球人跟外星人怎么联系？ /38

30 question 北斗星为什么排列成勺形？ /39

31 question 星星为什么一闪一闪地"眨眼睛"？ /40

32 question 天上有好多的星星，为什么却只有一个月亮？ /41

33 question 把单独的太阳黑子拿出来，它会发光吗？ /42

34 question 为什么只有太阳发光，别的行星却不发光？ /43

35 question 天上的星星能数得清吗？ /44

36 question 水星上没有水，为什么还叫水星？ /45

37 question 为什么我们的飞船不能飞到银河系外的大麦哲伦星云？ /46

38 question 在太空中培育的种子果实为什么比普通种子的果实大？ /47

39 question 月亮上有嫦娥吗？ /48

40 question 恒星会像人一样死亡吗？ /49

41 question 为什么火星被称为红色星球？ /50

42 question 彩虹为什么都是弯曲的？有直的彩虹吗？ /51

43 question 地球为什么可以自转呢？ /52

44 question 地球是怎么从宇宙里冒出来的？是什么时候的事？ /53

45 question 夏夜，人们为什么能看到那么多星星？其他季节怎么不行呢？ /54

46 question 天空为什么时蓝时白？天空变白是因为白云多了吗？ /55

47 question　浩瀚的宇宙有没有边际？　/56

48 question　夜空为什么是黑暗的？　/57

49 question　有北极星为什么没有南极星？　/58

50 question　太阳早上离地球近还是中午近？　/59

51 question　为什么说天圆地方，地球也是圆的啊？　/60

52 question　地球既然是圆的，那么哪来的东半球和西半球？　/61

53 question　彩虹上有7种颜色，为什么红色在上边？　/62

54 question　天空是蓝色的，大地为什么是棕色的？　/63

55 question　月球和地球谁的年龄大？　/64

56 question　牛郎星和织女星真会每年相会吗？　/65

57 question　我们把宇宙中的星星都叫星球，难道星星都是圆球吗？　/66

58 question　宇宙中会不会有第二个地球呢？　/67

59 question　食物在太空会永远飘浮吗？它会变质吗？　/68

60 question　白天为什么看不到星星？　/69

比较　/70~71

姓　　名：Yu.A.加加林

生卒日期：1934.03.09～1968.03.27

身　　份：苏联航天员

成　　就：世界第一位驾飞船进入太空的航天员

加加林问

人可以到月亮上去玩吗？

加加林是苏联宇航员，也是第一位进入太空的地球人。他小时候就对神秘的太空产生了浓厚的兴趣。一天，他在院子里看月亮，妈妈在做晚饭，他突然问妈妈："我可以到月亮上去玩吗？"妈妈风趣地说："去吧，别忘了回来吃晚饭。"

加加林小时候非常爱学习，但由于家里经济不富裕，为减轻父母的负担，他15岁时就辍学，开始到工厂做工。不过，他坚持每天去工人夜校听课，还怀着对太空的好奇心和对飞行的向往，利用业余时间学习飞行。之后，他又进入航空学校学习，终于成长为一名出色的空军飞行员和宇航员。

1961年4月12日，加加林驾驶"东方"1号飞船完成了人类的首次太空飞行，使人类从太空观察到了自己居住的地球。

加加林从小爱提问的精神，还有他坚持不懈的努力，使他最终实现了进入太空的梦想。但可惜的是，他没能登上月球。为了纪念加加林，月球上的一座环形山以他的名字命名。

我可以到月亮上去玩儿吗？

把老师的骨灰埋到月球上去

谢尔盖·科罗廖夫是苏联宇航事业的主要奠基人之一，他曾经负责培训过加加林。科罗廖夫逝世以后，加加林很怀念他。在一次同事聚会上，加加林对几名宇航员同事说，苏联如果启动登月计划，他本人有个愿望：到时在座的哪位同事能被选中完成登月行动，请出发前一定要带上一点儿科罗廖夫的骨灰，到了月球后选个地方，像在地球上一样，给科罗廖夫建个墓。

但可惜苏联后来没有实现登月计划，加加林当年的愿望到现在也没有实现。

好奇指数 ★★★★★

 宇宙究竟有多大

宇 宙的范围如此之大，以至于不便用一般的长度单位来度量，天文学家采用的计量单位是"光年"，即光在一年里所走的路程，大约为 9.5 万亿千米（光速为每秒 30 万千米）。银河系的直径约为 10 万光年，而宇宙中大约有上亿个大大小小的银河系。

　　根据大爆炸理论，宇宙是大约 137 亿年（这也被认为是宇宙的年龄）前由一个非常小的点爆炸产生的，目前宇宙仍在膨胀。也就是说，光从最早已知的星系到达我们地球要穿行 137 亿年以上。那么，宇宙的半径就应该在 137 亿光年以上。

　　但是，我们这里所说的宇宙，只是可见的宇宙，其他部分因宇宙膨胀，那里的星光将永远无法到达地球，所以也就无从得知。据天文学家推测，整个宇宙要比这个可见的宇宙大得多。

天是什么？天就是我们看到的蔚蓝色的天空，它是地球周围的大气层。大气层离地面最高处有 600 多千米。大气层的外面是太空，太空仍然是天，它是无止境的。太空中有日月星球，离地球最近的就是月球，它距离地球大约为 38 万多千米。月球外面还有别的星球，如太阳远在 1.5 亿千米以外，而比太阳更远的星球还有很多很多。离我们最近的另一个太阳（比邻星）和我们相距 4 光年多（1 光年为 9.5 万亿千米），其他的千千万万颗恒星就更远更远了，这样说来天有无限高。

好奇指数 ★★★★★

天有多高？

天边

好奇指数 ★★★★★

 除了宇宙外，还有别的地方吗

宇宙是由各种星球组成的世界。地球是太阳系里的一个行星，太阳是银河系里的恒星，而银河系以外还有很多的银河系，我们把它们叫河外星系或星系。如果用巨大的天文望远镜观察，就能看到离我们100多亿光年的星系世界，但那也是宇宙的一部分。我们至今还没有发现宇宙外有别的地方。也许有一天，科学进步了，我们会有新的发现。

好奇指数 ★★★★★

宇宙里的黑洞是什么东西

黑洞是一种天体，是某些恒星在演化发展中由它自己的引力收缩形成的。

科学家经研究观测推断出，恒星也和人类一样，从它的诞生开始经青年、壮年，走向老年，直到死亡。当一颗恒星衰老时，它中心的能量就已经不多了，再也没有足够的力量承担外壳巨大的重量。为了维持晚年的生存，它便让自己收缩。它越缩越小，最后会缩成体积很小、密度很大的星体。这个星体有巨大的吸引力，凡是被它吸引的物质会以光的速度向中心坠落，连光线也不能逃离。这时候它就被称为"黑洞"。

黑洞是一个现代科学研究的热门课题，但能被发现的、实际存在的却极少。

别去，去了就回不来了！

"**星**" 是夜晚天空中闪烁发光的天体，我们习惯上把地球以外的天体都叫"星"。在八大行星中，我们能用眼睛在夜晚的天空中看到水星、金星、火星、木星、土星这五大行星；天王星、海王星离我们很远，但是借助天文望远镜，我们也能看到它们。

好奇指数 ★★★★★

别的行星为什么都叫"星"，只有地球叫"球"

而地球是我们人类居住的行星，人类经过科学观测和计算，得知它是一个非常大的球体（平均直径为 12756 千米），自然就把它叫"球"了。我们生存在地球表面，脚踩着大地，所以就把它称为"地球"。如果太空中某个"星"体上有生命的话，他们也许会把地球视为和其他天体一样的"星"呢！

美国的一位作家在《地球的故事》中讲道：从太空能看到中国的长城。2004 年，欧洲空间局网站发表了"从太空看长城"的文章和图片。可有两位美国宇航员都说看不到，我国的航天员杨利伟也说看不到长城。

到底在太空中能不能看见长城呢？理论上说，看不到。因为长城是狭窄和不规则的。在太空中，很难观察到不规则的事物。长城平均宽度不到 10 米，颜色、形状也很容易被周围的地形背景所遮掩，肉眼在 20 千米的高度就很难将它分辨出来，而太空轨道的平均高度是 400 千米，这就相当于在 2000 多米外看一根头发丝一样。

好奇指数 ★★★★★

在太空能看到长城吗

你在长城跑步，不许偷懒，我在太空看着呢！

长城都看不见，还能看到我？

好奇指数 ★★★★★

地球为什么没有被黑洞吸进去

黑洞是科学家预测的一种天体。

天文学家在研究恒星消亡的时候推测出，一颗像太阳一样的恒星，当它的内部核能消耗尽了的时候，由于自身的重力而不断坍缩，最后就会形成黑洞。黑洞的吸引力很大，包括光线在内的任何物质，从它旁边经过都会被吸进去。

尽管关于黑洞的理论是正确的，但是科学家一直在寻找黑洞存在的证据。天文学家曾试图利用哈勃望远镜对黑洞进行观测，但是由于望远镜只能看到发光的天体，对于黑洞这一本身不发光的天体无法进行观测，所以到现在为止，还没能证实黑洞的存在。不过，即使黑洞真的存在，地球也不会被吸进去，因为它们离地球实在太遥远了。

天空没有云时，你几乎看不出月亮在移动；当天空有云，并且云离月亮较"近"时，你可能会看到月亮移动得时慢时快。难道月亮有时移动，有时静止吗？当然不是。

月亮每时每刻都在匀速地围着地球转，而我们在短时间内是看不出它的运动的。当天空出现乌云这个参照物，特别是这片云朝着与月亮相反的方向移动时，就会看见月亮在乌云的后面时隐时现地移动着，有时还"冲破"乌云。其实，月亮离云很远很远，不可能"冲破"乌云而移动，是人的视错觉使人觉得月亮在云中穿梭。

好奇指数  ★★★★★

 月亮为什么会冲破乌云慢慢移动

好奇指数 ★★★★★

为什么太阳早上大却不热，中午小了却很热

早上的太阳看起来比中午的大，是一种视觉上的错误。早上的太阳挂在黯淡的天边，它的旁边是地平线上的山峰、树木、房屋等具体的物体；而中午的太阳位于广阔的空中，天空也比较明亮，所以显得早上的太阳比中午的太阳大。

太阳刚升起时，阳光斜穿过地球大气层，光线在大气层中走过的距离，比太阳在头顶上直射时大一倍多。这时，光线中的蓝光和紫光，大多被大气中的气体分子、小尘埃、冰晶、水滴等吸收和散射，只剩下红光、橙光能到达地表，所以我们看到早上的太阳是红色的，也不觉得热。到了中午，太阳光直射地球，光线几乎全部到达地球表面，能量损失少，所以感觉很热。

这 是由于地球的自转形成的。地球不仅时刻围绕着太阳做公转运动，它自身还在不停地转动着。如

好奇指数 ★ ★ ★ ★ ★

我们是白天的时候，美国为什么是黑夜

果把地球的南极和北极连成一条线，地球就是每天不停地围绕这条轴线旋转着，这就是地球的自转。正是由于地球的自转，形成了昼夜更替。自转时，地球上面对太阳的那个半球是白天，背对着太阳的那面就是黑夜。我们处于地球的东半球，美国刚好处于地球的西半球。所以，当我们是白天的时候，美国正好是黑夜。

太阳并不会爆炸，因为太阳只能算是中等体积的恒星，只有超大恒星才会爆炸，形成黑洞。但是太阳内部无时无刻不在发生着"爆炸式"反应，好像氢弹爆炸那样，但比氢弹爆炸要剧烈得多。

好奇指数 ★ ★ ★ ★ ★

太阳会爆炸吗

大约 50 亿年后，当太阳内部的氢元素被烧完，而氦元素聚集到一定程度时，会发生更为剧烈的核聚变反应。太阳将变成一个巨大的红星球——红巨星，比现在亮百倍，体积急剧膨胀，甚至可能膨胀到把水星、金星、地球等都吞没。

当太阳耗尽所有核燃料后，会坍缩变成一颗白矮星，最终完全冷却变成黑矮星，孤寂地消逝在茫茫宇宙中。

说 "太空没有引力"可不准确。听说过万有引力吧？因为物体都具有质量，物体间就产生了一种相互作用，这种相互作用就是万有引力。它不光存在于地球上，还普遍存在于宇宙万物之间。

万有引力的大小主要与两个因素有关：一是物体的质量，二是物体间的距离。质量越大，物体间的万有引力就越大；距离越远，物体间的万有引力就越小。但在太空中，由于天体的质量都特别大，万有引力就起着决定性作用。那些由不同物质组成的大大小小的星球，都有巨大的吸引力，它们相互作用，就能在各自的轨道上转动。

好奇指数 ★ ★ ★ ★ ★

 太空没有引力，为什么星球会沿着轨道转

不守规则
降级一等

行星不会撞击地球，因为太阳的引力使它们各就各位，在自己的轨道上运行。倒是一些小行星有可能威胁到地球，如导致恐龙灭绝的罪魁祸首，极有可能是一颗小行星。

小行星是指那些同样围绕太阳运转但体积太小而不能称为行星的天体。它们大部分位于火星与木星之间的小行星带，极小部分位于地球轨道内外。如果小行星的轨道受到较大星体的吸引而有所改变，就有可能与地球相撞，但这种可能性太小太小了。大约100万年间，小行星接近地球或碰撞地球的可能性只有2～3次。

科学家们正在密切监视小行星的动向，如果发现哪颗小行星有可能与地球相撞，科学家会提前发布消息。当然，由于这种可能性非常小，也许最后只是让人类虚惊一场。即使真的发生这样的事，人类也会尽一切努力赶走这个"不速之客"。

好奇指数

 行星会撞击地球吗

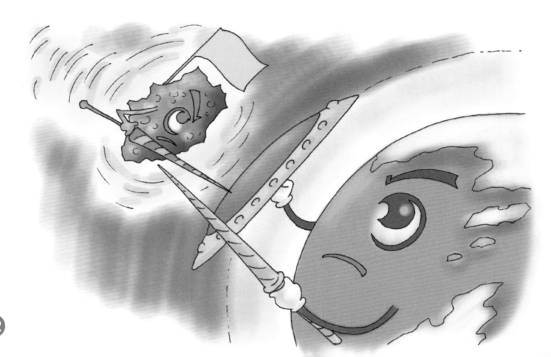

别减肥了！不然你也会被降格的。

许多科学家认为，冥王星个头太小，与别的大行星比起来相差太远。所以，2006 年国际天文学联合会大会经过表决，同意把冥王星从大行星当中降格为矮行星。从此以后，冥王星不再是大行星了。

要想认识冥王星的大小，我们可以把它和地球、水星进行比较。水星是八大行星中最小的，它的半径为 2440 千米，约为地球的 38%，质量约是地球的 5.5%。冥王星的平均半径为 1150 千米，大约为地球的 1/6，质量大约为地球的 2.2%。你看，冥王星是不是太小了？1930 年人们发现冥王星的时候，还没有弄清楚它的大小，所以把它排到大行星队伍中来，现在弄清楚了，也就不让它占据大行星的位置了。

好奇指数 ★★★★★

国际天文学会
为什么把冥王星
降为矮行星

流星飞过，
天上的星星
会不会变少了

不会的，因为流星并不是我们所看到的天上的星星。那些在夜空中一闪一闪眨眼睛的星星绝大多数都是恒星，或是那些从恒星"借光"的行星，它们是掉不下来的。

在夜空中闪过的流星，其实是一些散布在太空里的"尘埃颗粒"。它们大都是彗星或小行星在其运行轨道上留下来的。平时我们在地球上看不见它们，但是它们有时会闯入地球的运行轨道。由于它们运行的速度极快，和地球大气发生剧烈摩擦后，引起物质电离，所以发出了耀眼的光芒。

流星雨是成群的流星，看起来像是从夜空中的一点辐射出来的。和流星比起来，流星雨的爆发更有规律，如辐射点在狮子座的狮子座流星雨，每隔 33 年就出现一次大爆发。即使成千上万颗流星飞过夜空，天上的星星也一颗都不会少的。

夜空中的星星好像在不停地闪烁着，而且星星都长出了一个个有长有短的角来。画家们笔下的星星也都带着尖尖的角。星星真的有角吗？

好奇指数 ★★★★★

星星为什么
会长角

天空中的星星是没有角的，人类已知的所有星星都是圆球形或椭圆球形的。那为什么星星会闪烁，好像长了角呢？

这是因为我们看星星时，要透过覆盖在地球表面上的大气层。由于大气层各处的密度、温度不同，对星光的折射程度也不同，所以，我们看星星时，感觉它的亮度好像在不断变化着，就像闪烁的灯光。画家们常用长短不一的角来表示星光，所以，星星就长出"角"来了。

好奇指数 ★★★★★

夜晚为什么
还会有白云

天空中的云有各种不同的颜色，这是由云的薄厚不同造成的。很厚的积雨云，太阳和月亮的光线很难透射过来，看上去云体就很黑；薄一些的层状云和波状云，看起来是灰色的；很薄的云，光线容易透过，特别是由冰晶组成的薄云，云丝在阳光下显得特别明亮，带有丝状光泽，是白云。

夜晚，虽然没有太阳的照射，但月亮能反射太阳的光辉，这样我们也就能够看到飘浮着的白云了。

明月几时有，
把酒问青天。

好奇指数 ★★★★★

晴天云是白的，雨天云为什么变成黑灰色了？

海 洋、江河和土壤中的水分，每时每刻都在蒸发，形成水汽，进入到大气中。含水汽的空气不断上升，在上升的过程中逐渐冷却，温度降低了，空气容纳水汽的本领越来越小，水蒸气达到饱和时，就会附着在细微的尘粒上，凝结成小水滴。小水滴集中在一起，飘浮在空中，就成为我们能见到的云。

云的种类很多，各种云的薄厚相差很大，厚的可达七八千米，薄的只有几十米。天气晴朗的时候，云层很薄，光线容易透过，云看起来就是白色的。厚厚的层状云或者积雨云，太阳的光线很难透过它们射过来，云看上去就是黑灰色的。所以，下雨前通常是乌云密布。

地球上能生长万物，是因为地球上有空气、水和合适的温度。别的星球上如果没有这些条件是无法生长万物的。到现在为止，除了地球以外，还没有发现太阳系里的行星、小行星、卫星等天体上有生命存在的确切依据。至于太阳系以外，在目前人类所能探测的范围内，也没有发现有生命存在的星球。

好奇指数 ★ ★ ★ ★ ★

地球上能生长万物，为什么别的星球却不行呢

云 不但会动，还会变幻成各种形状，它是不是像孙悟空一样有七十二般变化呢？其实，云的秘密藏在空气里面。

好奇指数 ★★★★★

云会动，还会变形，为什么

云是空气中的水汽凝结形成的无数小水滴（或小冰晶）的集合。水汽聚在一起就成了云，云散开后又成了水汽。由于空气运动和水汽聚散的方式和规律的不同，就形成了天空中各种各样的云。如果空气发生对流，形成的云就是一朵一朵的，叫积状云；如果空中的气流上下波动，形成的云就是一条一条平行排列的，叫波状云。

地 球在绕太阳公转的同时，也绕自转轴不停地转动。地球自转一圈为一天，也就是一昼夜。

早晨和傍晚的阳光，为什么不如中午强

早晨时，地球上原来处于黑夜的一面刚开始见到太阳。这时的阳光是斜射到地面上，太阳光在大气中走过的路程长，损失的能量多，因而照射到地面上的光线较弱。同样，傍晚时，阳光也是斜射到地面上，所以光线也不强。但到中午就不同了，这时地球处于白昼那一面正对太阳，阳光径直射到大地上，人们自然会感到阳光强多了。

好奇指数 ★★★★★

天上的星星为什么有的亮，有的暗

我们看得到的星星大多是恒星。恒星是像太阳这样的大天体，它们的内部会发生核反应，释放能量，这些能量以光的形式向外辐射。核反应越剧烈，释放的能量越多，星星的亮度就越大。

不过，星星本身很亮，并不表示它在我们眼中看起来很亮。因为我们是从地球上观察星星的。我们看星星亮不亮，主要还得看星星跟我们距离的远近。一般离我们越近，星星看上去就越亮。像水星、金星等行星，本身不发光，只反射太阳光，但由于它们离地球非常近，所以看起来比许多能发光的星星还亮。

好奇指数 ★★★★★

 球形闪电是怎么回事？它能穿过物体不留下痕迹吗

球形闪电是一种不太常见而又会造成一定危害的奇异闪电，通常在有强雷暴时才出现。它外观呈球状，颜色有红色、橙色或黄色，一般只会维持几秒，且行踪不定，俗称滚地雷。

球形闪电特别爱钻缝儿，消失时常伴随有爆炸并发出巨响，但也有无声无息消失的，消失时还会留下类似臭氧或一氧化氮的气味。

球形闪电有一定的危害性，但人们还无法破坏它。因为没人确切知道球形闪电到底是什么东西，有人认为球形闪电是一种带强电的气体混合物；有人推测它是化学反应堆；有人认为它是一种氮氧化合物；也有人说它是一团高度电离的空气囊。关于它的研究还在继续着。

我的妈呀！滚地雷来了。

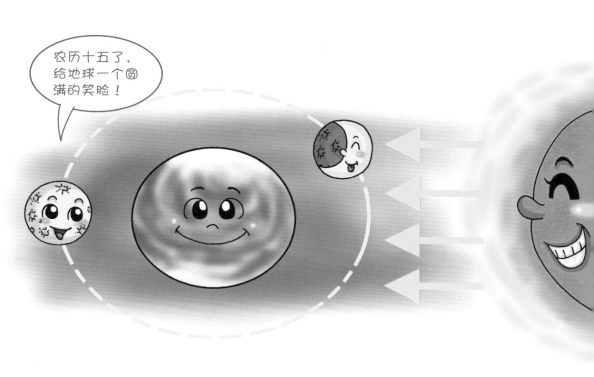

有时农历十五的月亮看起来并不是最圆的，不是有一句话说"十五的月亮十六圆"吗？2007年的八月十五那天，月亮就不是最圆的，而是十七那天最圆。

好奇指数 ★ ★ ★ ★ ★

月亮在农历十五为什么是圆的

其实，月亮每天都是圆的。月亮围绕着地球运行，又和地球一起绕着太阳运行。月亮自己不发光，我们看到的明亮月光，是它反射的太阳光。月亮绕着地球转的时候，无论是在轨道上的什么位置，它总是对着太阳的那面亮，背着太阳的那面暗。有时月亮反射太阳光的那一面完整地朝向地球，我们就看到一个又亮又圆的月亮；有时亮面少、暗面多的朝向地球，我们就看到一个弯弯的月亮。一般农历十五左右，正好是月亮对着太阳的那一面也对着我们地球。

地球上的人看到太阳东升西落，是由于地球从西向东自转造成的。如果地球从东向西自转，我们就会看到太阳西升东落了。

地球每时每刻都在不停地运动着。它一边绕太阳公转，一边自西向东自转。地球每自转一圈就形成一昼夜。地球朝向太阳的一面是白天，背向太阳的一面是黑夜。

人生活在地球上，感觉不到地球的自转，而是"看"到所有的天体都是自东向西围绕着地球转。地球自西向东自转一圈，人们就觉得是太阳自东向西绕地球转了一周。当黑夜转为白天时，人们认为太阳从东方升起了；当白天转为黑夜时，人们就认为太阳西落了。

如果想看到太阳"西升东落"，那就只有飞到太阳系的另一颗行星——金星上去了。因为它的自转方向是从东向西的。

好奇指数 ★★★★★

太阳东升西落，为什么不西升东落

火星上没有火，但有沙尘暴。

火星是地球的近邻，它的许多特点与地球很相似，如火星上也有明显的四季变化，每 24 小时 37 分火星自转一周。但火星并不像地球那样充满勃勃生机，它的表面大部分地区，都是含有大量红色氧化物的大沙漠，还有赭色的砾石和凝固的熔岩流。在地球上看，它是一颗红色的星球，所以叫火星。

火星上常常有猛烈的大风，大风扬起的沙尘，有时能到达六七十千米高的天空，形成覆盖火星全球的特大型沙尘暴，使整个火星天空变成一片红色。这种沙尘暴每次能持续几个星期或几个月。

好奇指数 ★★★★★

火星上有火吗

天上的月亮白天还在天上，哪儿都没去，只是白天太阳光太亮，月亮就不像夜晚时那么明亮。在早晨太阳还没有升起时，或傍晚太阳落山后，我们就时常看到天空上的月亮。如农历十五过后，月亮半夜才从东方升起，天亮以后还没有从西边落下去，这时你就能看到它还在天上。有时在白天看不见月亮，也是因为月亮还没有升起来。

好奇指数 ★★★★★

天上的月亮白天到哪儿去了

月亮哪儿去了？

好奇指数 ★★★★★

是天把海照蓝了，还是海把天映蓝了

我们知道，太阳光是由红、橙、黄、绿、青、蓝、紫七色光组成的。当太阳光在传播过程中遇到物体时，会产生光的散射，我们能看到物体的各种颜色，都是物体产生光散射的结果。

太阳光进入大气层，一部分蓝、青、紫光被空气的微小颗粒散射出来，而红、橙、黄色光穿过空气继续前进。所以，我们看到的天空是青蓝色的。天空并不都是蓝色的，离地面越远，空气越稀薄，对太阳光的散射作用越弱，所以，更远的天空就越来越黑了。

同样的道理，太阳光照到海面上时，海水把阳光中的红、橙、黄色吸收，而把阳光中蓝、青、紫色的光散射出来。所以，我们看到的海水就是蓝色的了。

好奇指数 ★★★★★

地球人跟外星人怎么联系

要跟外星人联系，科学家们首先想到了利用天文仪器观测和监听来自外星人的信号，然后又向太空中多次发出地球人的信息。

1972年和1973年，美国发射的"先驱者"10号和11号空间探测器，分别带着两张特殊的地球人类"名片"。名片上刻有地球人图像、太阳系概况和地球上的头号元素氢的分子结构。1974年，地球人又向武仙座的一群星星发出了一份"电报"。这份"电报"要过2.5万年才能到达目的地。如果那里有外星人，他们收到电报后能马上回复的话，地球人也要5万年后才能收到。1977年8月，美国发射的"旅行者"1号和2号空间探测器，又各携带一张"地球之音"的唱片，飞向宇宙深空。唱片上刻录着地球人的"自我介绍"，包括照片、图表、几十种声音和语言，以及世界名曲等。到现在为止，我们还没有收到外星人的回复。和外星人取得联系，是地球人不断追求和探索的目标。

10 万年前　　　现在　　　10 万年后

在晴朗无云的夜晚，我们会在天空发现 7 颗排列成勺形的明亮星星，这就是北斗星。北斗星为什么排列成勺形呢？

好奇指数 ★★★★★

北斗星为什么排列成勺形 ？

其实，北斗星离我们十分遥远，这 7 颗星之间也相隔遥远的距离。由于距离远的关系，对我们来说，只能看到它们在天空彼此之间大致的方位。这好比我们从远处看 7 棵树，从正面看它们排成一行，等到了树跟前才发现，7 棵树是随意种植的，并不是排成一行的。我们看到北斗星排列成勺形，是站在地球上看它们的样子。如果我们到遥远的恒星世界再看这 7 颗星，可能就不是勺形了。即使总是站在地球上看它们，这 7 颗星的位置也不是永远不变的。天文学家经过观察推测，10 万年前，北斗星的排列形状很像一把锄头；10 万年后，它张开的勺口会变得扁平。

在 晴朗的夜空，如果你仔细盯着星星看，会感到它们总是一闪一闪的，好像在眨眼睛。星星真的会眨眼睛吗？

星星为什么一闪一闪地"眨眼睛"

当然，星星是没有眼睛的，它们大多数都是像太阳一样燃烧着的巨大的气体火球。它们发出的光，要经过地球的大气层才能被我们看到。由于大气中的温度和密度不完全相同，而且还常常有风，大气变得飘忽不定。冷空气下降，热空气上升，空气上上下下不断地运动，使得星星的光受到阻碍，一会儿朝这个方向，一会儿朝另一个方向，于是我们就感到星光在不停地晃动。

因此，所谓的星星眨眼，实际上是地球周围大气的运动造成的。

你一定知道，月亮（月球）是地球的卫星，它是绕着地球运行的，月亮的光亮是它反射太阳光的结果。星星是什么？除了几颗和地球一道绕太阳运转的行星以外，我们看到的那些星星都是遥远的太阳。地球只有月亮这颗卫星，月亮比地球小，但它离地球很近，所以看起来又大又亮。别的行星周围也有卫星，而且有的行星不止一颗卫星，这些卫星都能像月亮那样反射太阳光，如果把它们都当成月亮的话，那么火星有两个"月亮"，木星的"月亮"有60多个。如果你站在木星上看天空时，月亮就不是一个，而是有许多个。

好奇指数 ★★★★★

天上有好多的星星，为什么却只有一个月亮

给它找个伴儿？

月亮太孤单了！

41

太阳黑子是光辉夺目的太阳表面上的黑色斑点，用一块黑色玻璃对着太阳看，有时我们就会发现它。

太阳黑子看起来像黑色的斑点，是因为它们的温度比旁边区域的温度稍低，在明亮背景的衬托下，就显得黑了。但就是这样，太阳黑子的温度一般也能超过 4000℃，而且仍然会发光。假如太阳表面全部覆盖着黑子，太阳仍然会很亮，只是比现在看到的要稍微暗一些。

太阳黑子是太阳表面上刮起来的风暴，是一个个巨大的气流旋涡，只是在地球上看着像一块块小黑点，其实其直径至少也有上万千米。太阳黑子常常每隔 11 年左右会大量出现一次。

好奇指数

 把单独的太阳黑子拿出来，它会发光吗

星

星能不能发光，是由它所含的物质决定的。太阳能发光，是因为太阳含有大量的氢，在太阳内部高温高压的条件下，氢产生核反应，放出巨大的能量，这些能量又以光和热的形式释放出来，这样我们就看到了太阳在发光。

好奇指数 ★★★★★

为什么只有太阳发光，别的行星却不发光

行星的内部温度远低于恒星，它本身也没有能发生核反应的燃料，所以它不会发光。但是当行星或卫星上有巨大的火山爆发时，也有可能看到它们的表面出现发光的亮点。

> 那我又得射日了……

> 假如行星也发光……

晴 朗的夜晚，抬起头来观看天空，天上有着数不清的星星。

我们看到的星星都是宇宙里大大小小的星球。有的星球发光，有的不发光。那些发光的星球，有的凭我们的肉眼就可以看到，这样的星星约有 9000 颗；有的是需要用望远镜和射电望远镜才能看见的。目前，天文学家借助望远镜可以看到数十亿颗星星，但这也只是星星中很少的一部分，大部分是我们根本就看不见的。况且，宇宙中每时每刻都有星星死亡，也有新的星星诞生，所以星星的数量是在不断变化着的。

天上到底有多少星星，目前人类还无法数清楚。

好奇指数 ★ ★ ★ ★ ★

天上的星星能数得清吗

在太阳系的八大行星中，肉眼能看到的只有五颗。欧洲人用神话中人物的名字来称呼它们。我国古代有五行学说，便用金、木、水、火、土这五行，分别把它们命名为金星、木星、水星、火星和土星，而不是因为水星上有水，金星上有金才这样称呼的。

水星是一颗"名不副实"的行星。八大行星中数它离太阳最近，所以水星向着太阳的一面，温度可高达400℃以上，又没有大气层保护，就算有水也早就蒸发了。背着太阳的一面，温度低到−170℃，也不可能有液态水存在。

不过，地球上的雷达成像系统显示，水星的南北两极附近，对雷达波有着很高的反射率，这可能预示着这些地方有水冰存在。2011年"信使"号水星探测器进入水星轨道；2015年撞击水星表面，可惜的是，探测器信号中断，但它留下的宝贵数据，将为我们揭开更多的水星秘密。

好奇指数 ★★★★★

水星上没有水，为什么还叫水星

好奇指数 ★ ★ ★ ★ ★

 为什么我们的飞船不能飞到银河系外的大麦哲伦星云

大麦哲伦星云是银河系以外离我们最近的恒星系，距离我们约 16 万光年。这就是说，每秒钟能行走 30 万千米的光，去往大麦哲伦星云还要走上 16 万年呢！我们地球上的飞船每秒钟才能飞行十几千米，去往太阳系边缘的冥王星，就要 15 年以上，要想飞到大麦哲伦星云就要花费几千万年的时间。你想想，就算人类科技发展了，能造出飞向大麦哲伦星云的飞船，可现在的人类，谁能有这么长的寿命呢？现在的科学技术只能使我们的宇宙飞船在太阳系内飞行，再远就没有能力了。

我也要上太空。

如果你看到个头特别大的青椒或者番茄，不要惊讶，它们很可能是在太空中培育出来的。那么，太空究竟有什么魔力，能让植物的果实变大呢？

科学家认为，这很可能是因为强烈的辐射、极小的重力和高度的真空等独特的太空环境造成的。但究竟是哪种因素起了主要作用，怎么起作用的，现在也没有确定的答案。

不过，你不要以为凡是上过太空的种子，回来后都能长出更大、更好的果实，有的试验成功，也有的试验失败了；试验可能在这一代成功，在下一代或更下一代又不成功了。人们还在不断摸索研究这种新事物的规律。

好奇指数 ★★★★★

在太空中培育的种子果实为什么比普通种子的果实大

月亮上没有嫦娥，嫦娥和嫦娥奔月的故事是我国古代的民间传说。

好奇指数 ★★★★★

 月亮上有嫦娥吗

远古时代，人类对许多自然现象不明白。月亮为什么挂在天上？月亮上有人吗？找不到答案，但是人类的想象力是非常丰富的，人们创造了许多神话故事。相传，远古时的射日英雄后羿，娶了美丽善良的嫦娥为妻。后来，嫦娥吃了王母娘娘的不死药，立刻飘离地面向天上飞去，她飞落到离人间最近的月亮上成了仙。

把美丽的仙女和月亮联系起来，并在中秋节全家团聚赏月、吃月饼，这些都表达了古人美好的愿望和对神秘的太空的遐想。

1969 年，人类登上了月球，证明月球上是没有生命的世界，当然也没有嫦娥。

恒星并不像它的名字那样永恒地存在，它也像人一样，有生有死。恒星的一生要经历生成期、青壮年期、老年期，最后死亡。

好奇指数

恒星会像人一样死亡吗

恒星是宇宙星际中的气体和尘埃物质在引力的作用下快速凝聚收缩形成的。恒星诞生后进入青壮年期。这时，它内部不断地进行核聚变反应，放出大量的光和热。太阳就是一颗恒星，它现在已经走完了生命历程的一半，正处在壮年期，还有五六十亿年的路要走。

当恒星内部的能量消耗完时，生命就会走向老年，变成红巨星，再走向死亡。不同大小的恒星，死亡的形式是不同的。像太阳和比太阳质量更大的恒星，会以一种十分壮观的形式——超新星爆发来结束生命。爆发的结果可能会将恒星物质完全抛散，成为星云遗迹，也可能会抛掉大部分质量，遗留下部分物质，坍缩为白矮星、中子星或黑洞。

好奇指数 ★★★★★

 **为什么火星被
称为红色星球**

科 学家认为，在行星形成初期，地球与火星都由同样的物质组成。可是，地球被称为"蓝色星球"，而火星被称为"红色星球"，是什么造成两者后来的巨大差异的？

科学家研究发现，地球和火星的形成过程都有氧化铁参与。但是，早期的地球温度极高，使氧化铁转化为液态的铁和氧气，液态的铁渗入地球深处，形成巨大的液态地核。由于火星体积较小，不具备使铁液化的高温，因此火星表面沉积了大量氧化铁，使它呈现出铁锈红色。地球上也有氧化铁（赤铁矿）存在，但要比火星上少得多。

火星上经常发生尘暴，氧化铁粉末被吹得遍布火星的每一个角落。在太阳的照射下，火星在太空中荧荧似火，发出火红色的光芒，这也是古人最早把它命名为"荧惑"的原因。

彩虹其实是圆形的，只是因为我们站在地面上，由于地平线的阻挡，只能看到彩虹的一段。如果在飞机上看，就会看到完整的圆形彩虹。

　　雨后，空气中飘浮着大量的小水滴，就像一个个小三棱镜。太阳光通过水滴时由于折射作用产生光的色散，把原来的白色光分解成了红、橙、黄、绿、青、蓝、紫7种颜色的光。由于太阳光是平行光，天空中的水珠很多，所以只有背对着阳光的方向，并且人的视线与太阳的光线成一定角度时，我们才能看到彩虹。由于空中的小水滴在不断下降过程中，不是停留在某一个高度上，所以彩虹不会是直的。

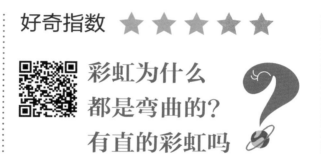

好奇指数 ★★★★★

彩虹为什么
都是弯曲的？
有直的彩虹吗

光线通过三棱镜被分
解成7种颜色，分别
是红、橙、黄、绿、
青、蓝、紫光。

关于地球自转，主要有内力说、外力说两种说法。

内力说认为，地球自转主要出于自身的动力。最早的时候，太阳系是一团密集的星云，由于受某种力量驱使，逐渐形成了太阳和地球、水星等星球。在这个变化过程中，各个星球物质的能量发生了变化，让它产生了很大的运动能量，最终整个星球就转起来了。

外力说认为，是太阳风吹动了地球。太阳风是太阳表面上一种物质的微粒流，它们向四面八方猛吹，到地球轨道附近时速度仍然很快，最高速度达到每秒770千米。猛烈的太阳风给了地球巨大的推力，推动了地球自转。

但这两种说法现在还没有被证实，所以地球为什么自转仍然没有准确的答案。

好奇指数 ★★★★★

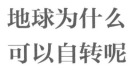地球为什么可以自转呢

大约50亿年前，太阳系诞生了，又过了4亿~5亿年，地球开始形成。关于太阳系的起源和地球的形成，有几种

好奇指数 ★★★★★

地球是怎么从宇宙里冒出来的？是什么时候的事

假说，比较为人们所接受的是"星云说"。

太阳系在形成之前，是一片由炽热气体组成的球状星云。随着星云冷却收缩，旋转速度也逐渐加快。由于离心力的作用，星云变成了扁的圆盘状，并把外围物质"甩"出来，形成一个旋转的圆环。就这样，一个又一个圆环产生。最后，星云中心部分变成太阳，周围的圆环凝聚成了行星，其中一颗就是地球。

原始地球形成之后，由外往内慢慢冷却，产生了一层薄薄的硬壳——地壳，这时候地球内部还是炽热的状态，不断喷出的气体形成了原始大气层。后来，大气温度下降，大气中的水蒸气变成了水，形成了原始的海洋。

星光灿烂啊！

我 们晚上能看到的星星，差不多都是银河系里的星星，而星星在银河系

 夏夜，人们为什么能看到那么多星星？其他季节怎么不行呢

中的分布是不均匀的，越往中间越密集。

在晴朗的夏夜，人们看到的星星总是比其他季节多，这与地球在银河系中的位置有关。地球处在远离银河系中心的地方，夏天的夜晚，我们面向银河系的中心，所以能看到许多星星。随着地球的自转，夜空逐渐向银河系外侧偏转，能看到的星星越来越少，到了冬天，夜空中只有很少的星星了。直到第二年夏天，夜空才重新面向银河系中心。

如果我们处在银河系的中心，那么无论哪个季节，从地球上看去，天空中的星星几乎是一样多。

天空是没有颜色的。天空中有氧气、氮气、二氧化碳和水汽等，它们都没有颜色。我们看到的蓝天，实际上是被散射的太阳光中的蓝色和紫色光波。

太阳光由红、橙、黄、绿、青、蓝、紫7种颜色构成。太阳光透过大气层射向地球表面，遇到空气微粒时，太阳光中波长较短的蓝、紫等色光的散射强度大，它们被大气分子散射而漫布天空，这样我们就看到了蓝蓝的天空。当空气中水汽较多，这些水汽凝结成小水滴或小冰晶飘浮在空中时，我们看到的天空就是浅蓝色、浅灰色或白色的了。

好奇指数 ★★★★★

天空为什么时蓝时白？天空变白是因为白云多了吗

哎哟喂！

哇！

人们都认为宇宙是无边无际的，其实并不见得如此。许多天文学家认为，宇宙是有限大的，但没有边界。这又如何理解呢？

好奇指数 ★★★★★

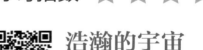

浩瀚的宇宙有没有边际

打个比方来说，宇宙是在不断膨胀的，就好比一个不断被吹大的气球，气球越来越大，但是球面面积终究是有限的。

同时宇宙又没有边界，二维世界的生物，比如一只蚂蚁，在球面上爬行，无论前后左右怎么爬，永远找不到哪儿是尽头。所以，气球对它来说就是有限而无边的东西。在我们的三维世界里，因为时空的弯曲，如果我们有机会在宇宙中航行，也一样会遇到永远走不到尽头的现象。

好奇指数 ★ ★ ★ ★ ★

夜空为什么是黑暗的

因为地球不发光，太阳又转到地球的背面而照不到我们了。不过有人认为，天空中有那么多的星星，如果把天空中所有恒星发的光加起来的话，天空应该永远是白天才对。可这只是个理论，与现实并不相符。为什么呢？有人认为，恒星的光还没到地球，就被宇宙中的尘埃物质吸走了，所以夜空黑暗。也有人认为，由于宇宙大爆炸，出现了许多星云，星云逐渐凝聚成各种天体，使宇宙不断向外膨胀，大量恒星远离地球，它们的光当然也到不了地球了。

也许，还有一些我们不知道的理由，等待着进一步的探索。

热死我了。

好奇指数 ★ ★ ★ ★ ★

有北极星为什么没有南极星

在 离地球北天极很近的天空中，有一颗小熊星座的2等星——"小熊α"星，叫北极星。北极星的位置总是在正北方，因此它就成为人们在夜晚辨别方向的标志。那么，在南天极，有没有一颗和北极星相当的南极星呢？

在南天极附近也有星星，不过它不够明亮，就算视力很好的人也要睁大眼睛找半天，才可能找到它。所以，南天极没有能指示方向的南极星。

不过，南十字星座中的"南十字α"星非常明亮，一直以来它担当着为航海船只指引方向的任务。澳大利亚、新西兰等国的国旗，都是以南十字星座作为基本图案的，可见它的重要意义。

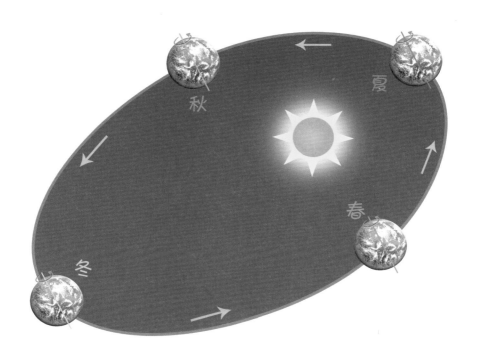

在同一天中，无论早上、中午还是晚上，太阳距地球都是差不多远。

地球绕太阳转动的轨迹是一个椭圆形。每年夏至，地球转到离太阳最远的地方，这时地球与太阳之间的距离是1.52亿千米；到了冬至，地球离太阳距离最近，距离为1.47亿千米。照这样看，太阳离地球最近和最远的路程相差不大。况且地球约365天绕太阳转动一圈，一天之内只能走很少的距离。所以，太阳距离地球尽管有远近之分，但一天之内差别很小。

不过，因为我们在地球上所处的位置不同，相对我们住的地方来讲，早上和晚上太阳离我们远，中午离我们近。

好奇指数 ★★★★★

太阳早上离地球近还是中午近

为什么说天圆地方，地球也是圆的啊

我国古代人对宇宙最原始的一种认识是"天圆地方"。那时的科学技术还很落后，人们认为天是圆形的，像一把张开的大伞覆盖在地上；地是方形的，像一个棋盘；日月星辰则像虫子一样在天空中爬来爬去。

天圆地方的观点对许多宇宙现象不能做出正确的解释。到了唐代，我国天文学家通过精确的测量，彻底否定了天圆地方说。有了航海技术之后，人们终于认识到地球是球形的了。

天似穹庐啊！

是 的，如果没有一个对照物，圆的东西就分不出东西南北和上下左右，地球就是如此。

那么东半球和西半球是怎样分出来的呢？原来，科学家在地球仪和地图上画出了经纬线。连接南北两极的线，叫经线；和经线相垂直的线，叫纬线。纬线是一条条长度不等的圆圈，最长的纬线就是赤道。为了能够区别出这些经线和纬线，科学家还给每一条经线和纬线都起了一个名字，这就是经度和纬度。国际上规定，把通过英国格林尼治天文台原址的那条经线，叫零度经线。从零度经线向东叫东经，向西叫西经。由于地球是个球体，所以东、西经各有180°。沿西经20°和东经160°经线把地球切开，由西经20°向东到东经160°的半球叫东半球；以西的半球叫西半球。

好奇指数 ★★★★★

 地球既然是圆的，那么哪来的东半球和西半球

阳光是由红、橙、黄、绿、青、蓝、紫7种颜色的光混合而成的。把三棱镜放在阳光透过的地方，就能看到这7种颜色形成的彩色光带。彩虹是阳光以一定的角度照射在水滴上形成的，这些小水滴就像一个个小三棱镜。

下雨后，空气中含有大量的小水滴，阳光透过水滴时，产生折射和反射，这时白色的光被分解成七色光，只要我们观看的角度适当，在地面上就能看到美丽的弧形彩带。由于不同颜色的光在水滴上折射的程度各不相同，折射程度最小的是红光，以上依次是橙、黄、绿、青光，折射程度最大的是紫光。因此，最先掉到彩虹顶部的雨滴折射出来的光，是红光，随着雨滴的下降，就分别变成橙、黄、绿、青、蓝、紫色了。

好奇指数

 彩虹上有7种颜色，为什么红色在上边

大地呈现什么颜色是由土壤里的化学成分来决定的。科学家研究得出，植物死亡以后，它们身体里的碳元素会随着枝叶进入土壤。虽然土壤中的微生

天空是蓝色的，大地为什么是棕色的

物能将植物分解，吃掉大量的碳，但是这些微生物死后又回到土壤里，所以土壤里总会有碳留下来。而碳元素会吸收太阳光谱中的多数颜色，反射出去的光则呈棕色，这样大地看起来就是棕色的了。其实，地球上也有许多地方的土地不是棕色的，比如有些沙漠就呈现白色，夏威夷的土壤富含铁，因此呈红色。

根据科学家最新的测算，月球产生于距今 45.27 亿年前。但是，直到目前为止，我们还无法给地球标明确切的形成日期。因为地球上最古老的岩石，要比地球年轻至少 5 亿岁，用它们确定地球年龄行不通。

好奇指数 ★★★★★

月球和地球
谁的年龄大

通过研究太阳系的起源，大部分科学家认为地球也是在 46 亿年前形成的，与月球形成时间差不多。目前，关于月球的起源有 3 种说法。第一种认为，在太阳系形成初期，月球和地球是一个整体，后来逐渐分裂成月球和地球；第二种认为，月球原来是一颗绕太阳转动的小行星，后来被地球俘获而成为地球的卫星；第三种认为，地球和月球是由同一块原始行星尘埃云所形成，月球是在地球形成后，由残余在地球周围的非金属物质凝聚而成的。

在 我国的民间故事中，天上的牛郎和织女每年农历七月初七都会在鹊桥相会一次。其实，天上的牛郎

好奇指数 ★ ★ ★ ★ ★

牛郎星和织女星
真会每年相会吗

星和织女星是不能相会的。牛郎星属于天鹰座，织女星属于天琴座。它们都是与太阳一样能自己发光发热的星星。它们看上去在太空中只隔一条银河，似乎离得很近，但这是由于它们离地球都比较远的缘故。实际上，它们之间离得很远，据科学家观测，牛郎星和织女星之间相距约 16 光年。即使牛郎给织女打个电话，织女也要等到 16 年后才能听到牛郎的声音。如果牛郎每天坚持不懈地走 100 千米，走到织女星那里，也需要 43 亿年。所以说，牛郎星和织女星是不可能每年相会一次的。

宇宙中质量大的星星基本上都是圆球形的，这与万有引力现象有关。物理学家牛顿发

我们把宇宙中的星星都叫星球，难道星星都是圆球吗

现，所有物体之间都有相互吸引力，这个吸引力叫万有引力，而且物体的质量越大，吸引力也越大；物体之间的距离越小，吸引力也越大。

宇宙中不管是像太阳一样的恒星，还是像地球一样的行星，它们在最初形成的时候都是气态的物质。各部分的气体都受到星球自身引力的控制，向中心收缩。由于星球的引力要在表面趋向均衡、稳定，所以它最终都要变成球形。因为只有圆球形的表面到球心的距离相等，各方向的引力大小才相同。如果不是球状，引力不等，也会驱使物质向球形变化。

宇宙中的许多小行星，自身的质量比较小，引力也小，所以它们的形状就不规则，有的就像一块大石头。

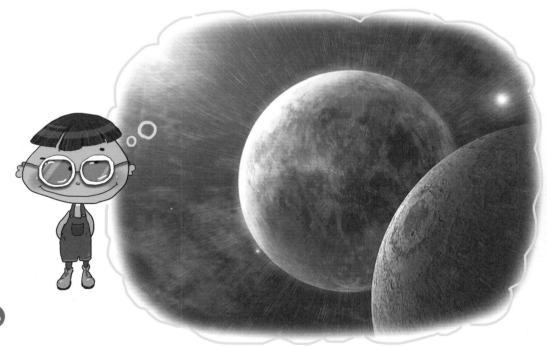

地球是一颗围绕太阳转动的普通行星。在整个太阳系中，还有其他7个行星也在围绕太阳转动。但它们有的

好奇指数 ★★★★★

 宇宙中会不会有第二个地球呢

离太阳太近，表面的温度太高；有的离太阳太远，表面温度太低，都不适合生命的存在。只有地球离太阳不远不近，温度适宜，刚好有生命存在的条件——氧气和水。虽然在太阳系中，目前还没有发现第二个跟地球相似的天体，但科学家相信，跟我们人类的太阳系一样，在宇宙中遥远的地方存在许多太阳系，那里存在可以衍生生命的许多"地球"，只是目前的技术还无法探测到它们。

白天为什么看不到星星

科学的比较要界定比较范畴，选择合适的科学工具，将各种结果放在一个统一的国际单位下进行比较。

科学的比较

有时，为了保证比较结果的科学性，还要设立空白对照组。

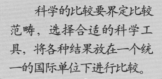

比较

科学分类示例

食品科学

生命科学

化学

比较是研究和判断物与物之间、人与人之间的相似性和差异性，探求其普遍规律与特殊规律的方法。它是一种重要的科学研究方法。比较可以在不同种类的事物之间进行，也可以在同类的事物之间进行，还可以在同一对象的不同方面、不同部分之间进行。比较的过程也是对观察到的现象、结果以及所搜集的材料进行初步归纳整理的过程。比较无处不在。

相同点多而相异点少的对象归在一类，相同点少而相异点多的对象归在其他类。用这种方法进行比较，可以充分了解事物的特性，弄清事物之间是否存在联系、联系的程度及其规律性。

物质名称

浓度

在这个过程中，你会有很多发现哟！

分类示例

比较要分类。分类在整理资料的过程中，规定好所要研究的各项征，然后把不同研究对的同类特征找出来。

重量

温度

长度、宽度

比较很有用

> 比较很有用。用比较法可以分析事物的相同点和不同点，可以从空间上区分和确定不同的事物，从时间上追溯和确定事物发展的历史过程，弄清事物发展的来龙去脉。

比较游戏——找不同

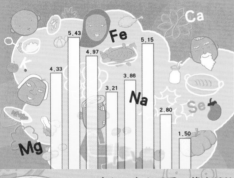

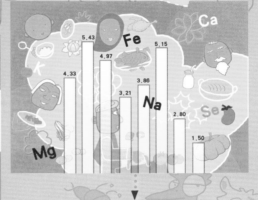

分类比较

看上面左右两图，找出10处不同，在不同处画圈。

> 许多著名的科学理论和科学发现，都是运用比较法得出的。

小故事

在古代，人们不知道闪电是怎么回事，认为是天神发怒产生的神火。美国科学家B.富兰克林并没有轻信这些没有根据的说法，在细致、全面的比较后，他发现闪电和电流非常相像。为此，1752年夏，一个雷电交加、大雨倾盆的下午，富兰克林做了著名的风筝实验，验证了自己的猜想，并由此发明了避雷针。

富兰克林通过风筝实验，比较出了闪电和电流的区别。

中国儿童好问题百科全书

CHINESE CHILDREN'S ENCYCLOPEDIA OF GOOD QUESTIONS

太空奥妙

总 策 划	徐惟诚

编辑委员会

主　　编	鞠　萍
编　　委 （以姓氏笔画为序）	于玉珍　马光复　马博华　刘金双　许秀华 许延风　李　元　庞　云　施建农　徐　凡 黄　颖　崔金泰　程力华　熊若愚　薄　芯

主要编辑出版人员

社　　长	刘国辉
副总编辑	马汝军
主任编辑	刘金双
全书责任编辑	黄　颖
美术编辑	张倩倩　张紫微
绘　　图	饭团工作室　蒋和平　钱　鑫
装帧设计	参天树 TOPTREE　北京升创文化传播有限公司
最美发问童声	周欣然　孙甜甜　蔡尘言　沈漪煊　余周逸　林佳凝　赵甜湉 徐斯扬　潘雨卉　周和静　周子越　董梓溪　方宇彤　龙奕彤 马景歆　沈卓彤　翁同辉　夏子鸣　严潇宇　张申壹　赵玉轩 黄睿卿　孙崎峻　蔺铂雅　李欣霖　郭　垚　侯皓悦　范可盈 宋欣冉　马世杰　张译尹　卜　茵　王博洋
音频技术支持	北京扫扫看科技有限公司
责任印制	乌　灵